中国手绘艺术设计大赛2017—2018

建筑·室内·景观手绘表现精选

中国建筑学会室内设计分会◎编

中国水利水电出版社
www.waterpub.com.cn
·北京·

内 容 提 要

　　手绘是设计师传达设计理念、表现设计效果的最为快速的方法，快速准确的手绘图不仅可以帮助设计师加快设计构思的进程，还是一种与业主或客户有效沟通的手段。中国建筑学会室内设计分会已经连续举办了多届"中国手绘艺术设计大赛"，本书将2017年获奖作品予以整理分类，尤其对一、二、三等奖获奖作品予以重点点评和展现，以供设计师交流参考。

图书在版编目（ＣＩＰ）数据

中国手绘艺术设计大赛2017-2018建筑·室内·景观
手绘表现精选 ／ 中国建筑学会室内设计分会编. -- 北京：
中国水利水电出版社，2017.11
　ISBN 978-7-5170-5955-4

　Ⅰ．①中… Ⅱ．①中… Ⅲ．①建筑画－作品集－中国
－现代 Ⅳ．①TU-881.2

中国版本图书馆CIP数据核字(2017)第257976号

书　　　名	中国手绘艺术设计大赛 2017—2018 建筑·室内·景观手绘表现精选 ZHONGGUO SHOUHUI YISHU SHEJI DASAI 2017—2018 JIANZHU·SHINEI·JINGGUAN SHOUHUI BIAOXIAN JINGXUAN
作　　　者	中国建筑学会室内设计分会　编
出版发行	中国水利水电出版社 （北京市海淀区玉渊潭南路 1 号 D 座　100038） 网址：www.waterpub.com.cn E-mail：sales@waterpub.com.cn 电话：（010）68367658（营销中心）
经　　　售	北京科水图书销售中心（零售） 电话：（010）88383994、63202643、68545874 全国各地新华书店和相关出版物销售网点
排　　　版	北京时代澄宇科技有限公司
印　　　刷	北京嘉恒彩色印刷有限责任公司
规　　　格	148mm×210mm　32 开本　6 印张　363 千字
版　　　次	2017 年 10 月第 1 版　2017 年 10 月第 1 次印刷
印　　　数	0001—2000 册
定　　　价	48.00 元

本书编委会

目录

建筑·室内·景观　表现

工作组

一等奖

神垕古镇瓷片再生计划 | 周雷　赵晶　崔晓棠 |
周口师范学院 / 2

二等奖

雪后会所 | 苑宏刚　崔思璐 | 吉林建筑大学 / 6

Sunny青年书餐吧设计 | 雷志龙 | 广西师范大学 / 8

三等奖

L-2加油站 | 赵化 | 重庆小鲨鱼手绘工作室 / 10

山东潍坊商务综合体建筑景观设计 | 兰岚 |
大连艺术学院 / 11

秦皇岛市青树谣自然教育景观设计 | 张勇 |
哈尔滨理工大学 / 12

优秀奖 / 13

建筑·室内·景观 写生

工作组

一等奖

冰雪城市记忆 | 张勇 | 哈尔滨理工大学 / 18

二等奖

印象喀什 | 王炼 | 江苏建筑职业技术学院 / 22

7035KM·城景 | 雷志龙 | 广西师范大学 / 24

三等奖

浙西南民居 | 杨子奇 | 湖州师范学院 / 26

归乡路 | 卢伟 | 广东农工商职业技术学院 / 27

古村黄桷树 | 王玉龙　田林 |
四川美术学院　重庆科技学院 / 28

优秀奖 / 29

建筑·室内·景观　表现

学生组

一等奖

文化创意产业园空间设计 | 李佳璇 | 广东科学技术职业学院 / 34

一帘徽梦 | 陈勋　朱瑾　黄真 | 合肥工业大学翡翠湖校区 / 36

二等奖

交流中心餐吧室内空间设计 | 任强强 | 安阳工学院 / 38

长春市游园景观设计 | 段连华 | 吉林建筑大学 / 39

小区规划与设计 | 李晓涵 | 鲁迅美术学院建筑艺术设计系 / 40

电影展示空间设计 | 肖潇 | 鲁迅美术学院 / 41

三等奖

钢铁工业展览中心概念设计 | 王齐 |
天津科技大学艺术设计学院景观工作室 / 42

编织手工艺视角下——乡村木结构度假酒店空间设计 | 徐杰 |
南京艺术学院 / 43

马克笔室内表达之——家 | 丰琳 |
重庆小鲨鱼手绘工作室　四川美术学院 / 44

ENSHRINE·HOUSE——室内设计 ／ | 王奇 | 安阳工学院 / 45

空中实验室软件设计公司设计 | 栾孟元 | 山东建筑大学 / 46

生态之钻——盘锦华发新区小区建设 | 杨思仪 | 鲁迅美术学院 / 47

优秀奖 / 48

建筑·室内·景观　写生

学生组

一等奖

唐人街·趣 | 刘铭 | 鲁迅美术学院大连校区 / 98

菊径 | 肖婕琼 | 武汉理工大学 / 100

二等奖

法国小镇 | 宋宜靓 | 重庆交通大学 / 102

梦·校园记忆 | 王利亚 | 哈尔滨工业大学 / 103

消逝中的旧城 | 岑奋勇 | 南宁职业技术学院 / 104

风景建筑写生 | 吴桂霞 | 广西师范学院师园学院 / 105

三等奖

美在云南，美哉大理 | 章昊天 | 昆明理工大学 / 106

旅行笔记 | 张辰 | 天津理工大学 / 107

城市记忆 | 王辰 | 哈尔滨市第三中学 / 108

上里印象 | 孟彦岑　王同宁 | 南开大学滨海学院 / 109

土木记忆 | 郑一鸣 | 哈尔滨工业大学 / 110

韶华·西逝 | 郑楛文 | 哈尔滨理工大学 / 111

优秀奖 / 112

建筑·室内·景观
表现
工作组

一等奖

神垕古镇瓷片再生计划
周雷　赵晶　崔晓棠
周口师范学院

评　在《水墨钧瓷创业谷——瓷片景观延续设计》的版式设计上，设计师摈弃了常见的表现形式，独辟蹊径地采用了单色勾线的技法，将设计方案全面、系统地进行了设计表现，描绘表现图的线型勾勒拙力、严谨，选景构图稚朴、生动。

该方案具有传统文化韵味的版式设计与表现技法体现出设计师高品位的美学素养与专业水平，充分彰显了该设计方案源于传统、彰显文化、传承文脉、力求创新的设计理念。

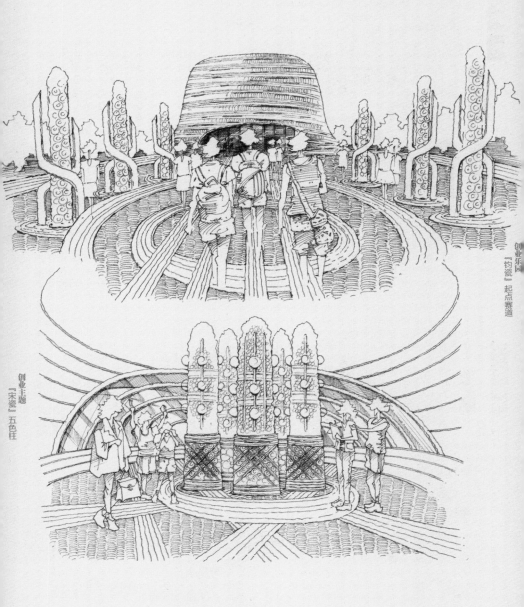

创业乐园
「钧瓷」起点赛道

创业主题
「宋瓷」五色柱

3

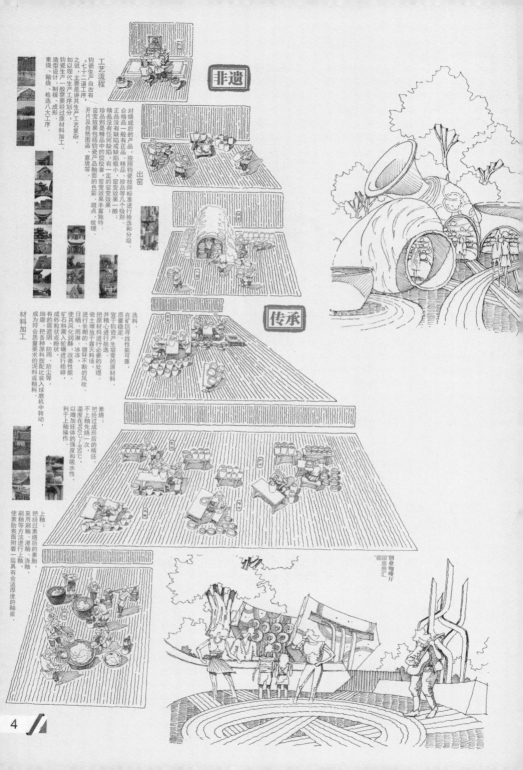

工艺流程

钧瓷生产自古有"七十二道工序"之说，主要是讲其生产工艺复杂。如以现代生产工序工艺划分，钧瓷生产一般需要经过原材料加工、造型设计、制模、成形、素烧、釉烧、检选八大工序。

非遗

对烧成后的产品，按照钧瓷师标准进行检选和分级。合格品一般按照正品、精品、珍品等几个级别，正品是没有任何缺陷；精品有缺陷但缺陷极小；珍品则是精品中的佼佼者，窑变效果一般，一定的窑变效果，窑变效果丰富特殊。窑变效果包括钧瓷产品釉面的色彩、斑点、纹理、开片及自然窑变画、意境等。

出窑

传承

选料

在矿区寻找性能可靠、质量稳定的原材料。宜广钧瓷产生窑变的原材料，井精心进行挑选。

材料加工

把原材料进行必要的处理，使其堆放于露天料场，进行长期的挑选、日晒、风吹、雨淋、冰冻、成为符合质量要求的泥料或粉料。有的需通过防腐、防尘等，成砂粒状或粉状，将矿石精料加入轮碾进行粗碎，细磨，把各种原料按配比装入球磨机中转动。

素烧

把经过成形后的坯体，不上釉先烧一次，温度在800℃-950℃，以增加坯体的强度和吸水性，利于上釉操作。

上釉

把经过素烧后的素胎，采用刷釉、浸釉、涂釉、荡釉、刷釉等方法进行上釉，使素胎表面附着一层具有合适厚度的釉浆。

创业啤啤片
窑思熙汇

「奢品」生态圈
创业风暴

5

二等奖

雪后会所

苑宏刚 崔思璐

吉林建筑大学

评 本作品用勾线淡彩的技法将方案中颇具艺术感的建筑形象、生动地进行了设计表现。

设计师对作品的描绘在严谨专业的基础上展现了轻盈、潇洒、娴熟的技巧。该作品是一组颇具抒情、写意，具有绘画感的佳作。

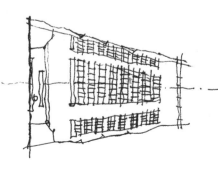

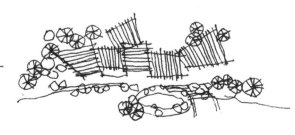

Sunny 青年书餐吧设计
雷志龙
广西师范大学

景观平面图

室内平面图

景观图例:
① 户外就餐区
② 景观雅座区
③ 休闲餐区
④ 快速售卖区
⑤ 开放餐饮区
⑥ 主题餐饮区

评 该设计采用绘画性速写的表现形式,将青年书餐吧设计方案的平、立面示意图颇具趣味地进行描绘,表现出设计刻画的细致入微。作品着意在线条与配色上追求稚趣、拙致的效果,展现出了书吧轻松、自然的意境与画面韵味。

A—A 剖面图

B立面图

L-2 加油站
赵化
重庆小鲨鱼手绘工作室

评 该设计方案采用了马克笔设色、景物勾线的表现方法，绘制了平、立面的设计示意图和效果图，对设计内容的刻画较为深入。在线条勾勒、运笔着色上着力追求拙朴的表现效果，但对方案内容中建筑与设施形象的设计显得比较平庸，对其特色表现得不够典型和充分。

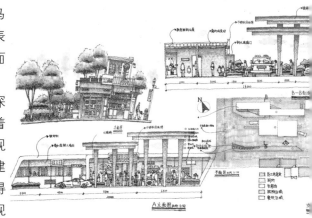

山东潍坊商务综合体建筑景观设计

兰岚

大连艺术学院

评 该商务综合体建筑景观设计的表现图采用单色勾线的形式，将设计方案的内容进行了全方位、细致的刻画，对设计内容进行了直观的展现，表现生动，描绘娴熟。不足之处在于画面布局上应强化主次取舍，线条组织上应着意疏密的合理搭配与控制。

秦皇岛市青树谣自然教育景观设计
张勇
哈尔滨理工大学

评 该设计者对此方案采用了勾线淡彩的表现形式进行图面表达，使设计内容及设计效果相对直观地展现了出来。设色较为生动，细节刻画较为具体。但设计者在技法表现上尚显稚嫩，在绘画基础和专业表现能力上还须加强研习。

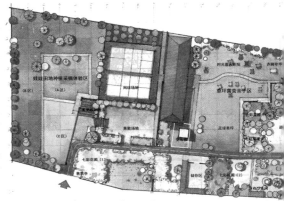

景观规划平面图（一）

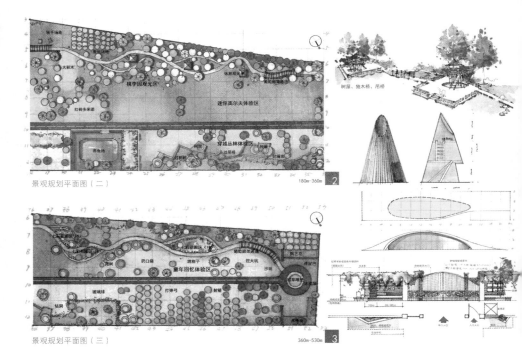

景观规划平面图（二）

景观规划平面图（三）

优秀奖

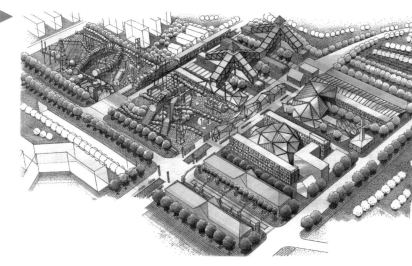

牡丹江机车工业景观设计
王威
齐齐哈尔大学美术与艺术设计学院

北戴河老别墅文化创意产业园区概念设计
王美达
燕山大学

阎良城市绿地广场概念设计
刘令贵
西安交通大学

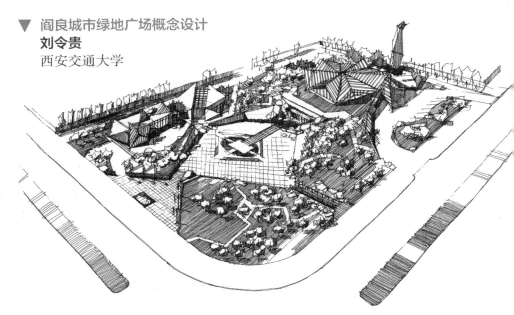

景观写生
曾艳
电子科技大学中山学院

14

售楼处方案设计
李士太
安阳工学院

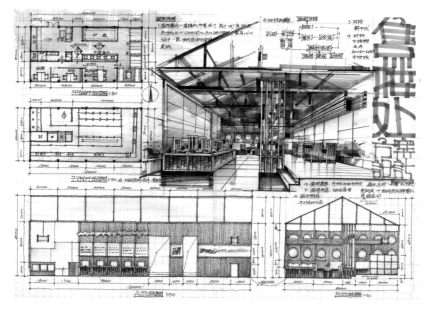

▼ 香道馆概念设计
曹辉
晋中学院美术学院

▼ **手编乡村餐饮环境设计**
赵晶　皇甫舟楠　周雷
周口师范学院

建筑·室内·景观
写生
工作组

一等奖

冰雪城市记忆
张勇
哈尔滨理工大学

评 该设计方案采用勾线淡彩的画法，描绘了冰城瑞雪纷飞时行将拆除的老建筑的景象。朴拙的线型、斑驳的设色、尤为巧妙的留白所展现的皑皑白雪，充分表现出了设计师对旧城景物、建筑肌理与地域特色的情感和娴熟的绘画与专业表现技巧。

　　该作品虽是采用速写方式对实景进行的描绘，但在画面经营、对主要景物的深入刻画与配景的取舍上都颇具匠心。

印象喀什
王炼
江苏建筑职业技术学院

评 清晰的色彩表
达，娴熟而精练的
质感表现，让画面
充满说服力。

二等奖

7035KM · 城景
雷志龙
广西师范大学

评 画面淡雅、明朗，用笔舒缓、
质朴，给人一种悠然而恬淡的视觉
感受。

浙西南民居
杨子奇
湖州师范学院

评 用笔舒畅，线条拙朴俊朗，随
性自然，表现出了质朴而幽深的田
园风光。

三等奖

归乡路
卢伟
广东农工商职业技术学院

评 该作品强调了水与色的自然调和，笔墨酣畅，层次清晰，表现出了诗画般的意境。

古村黄桷树
王玉龙　田林
四川美术学院　重庆科技学院

评　观察细腻，结构清晰，层次丰富，画面表现精细度高，线条语言的运用是该画作的灵魂所在。

优秀奖

东区新城
贾思怡
广西艺术学院

和一空间设计研究中心
夏灿辉
民居之美

◀ 阿妹茶楼
张蓝图
泰州职业技术学院

▶ 哈尔滨城市风光写生
曹茂庆 关志敏
北方建筑设计院总工办

▲ 山城印象——笔尖下的重庆
刘仟鹏
重庆筑城手绘工作室

▼ 追忆老城
赵恒逸
中逸设计教育

湖南农业大学
肖青波
藏寨小趣 ◀

▶ 大美南艺
祝程远
南京艺术学院

建筑·室内·景观
表现
学生作品

广东科学技术职业学院

李佳璇

文化创意产业园空间设计

评 该设计空间结构表现清晰，现代感与科技感兼具，体现出了现代文化空间的前卫性与时尚性。

一等奖

一帘徽梦

陈勋　朱瑾　黄真

合肥工业大学翡翠湖校区

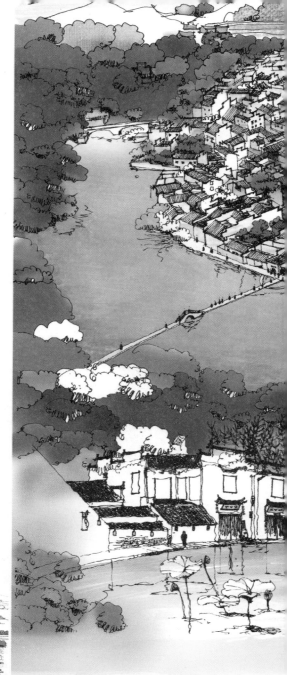

评 该作品空间形式复杂，场景宏大，画面丰富且信息量大，可以看出设计者有较好的规划布局能力。

交流中心餐吧室内空间设计

任强强

安阳工学院

评 该作品设计构思合理，空间设计表现技法多样且娴熟，用笔洒脱、不拘小节，空间氛围塑造力、艺术感染力强。但美中不足的是该设计的厨房面积略小，天花板的布置不够细化，立面图未在平面图中做索引，尺度关系把握欠佳且图面随意的笔触略多，建议设计者今后加强图面表达能力。

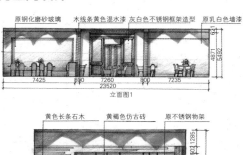

原钢化磨砂玻璃　木线条黄色混水漆　灰白色不锈钢框架造型　原乳白色墙漆

立面图1

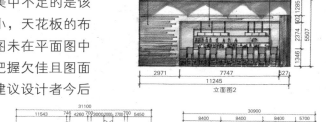

黄色长条石木　　黄褐色仿古砖　　原不锈钢物架

立面图2

平面布置图　　　　　　　　　天花布置图

二等奖

长春市游园景观设计
段连华
吉林建筑大学

评 该作品设计立意新颖，图纸表达准确细致、丰富完善。设计中湖面过大，"肺"太过规矩、具象，"脉"少了，脉是组织空间结构的桥梁，可适当增加。整体构图版式统一、色彩协调，表现技法娴熟，笔触运用洒脱，可以看出设计者驾驭画面的能力较强。

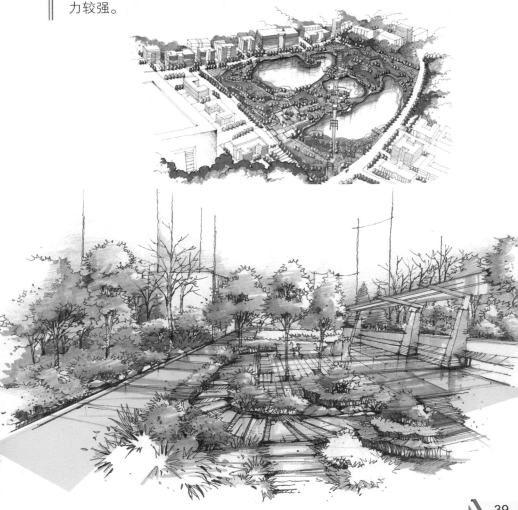

二等奖

小区规划与设计
李晓涵
鲁迅美术学院建筑艺术设计系

评 该作品设计构思完善，图面表达协调，版式新颖，色彩统一，草图与分析图更为精彩。作品充分显示出设计者在学生阶段打下了良好的设计与表达基础。

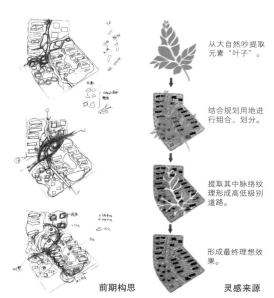

从大自然吵提取元素"叶子"。

结合规划用地进行组合、划分。

提取其中脉络纹理形成高低级别道路。

形成最终理想效果。

前期构思　　　　　灵感来源

二等奖

电影展示空间设计
肖潇
鲁迅美术学院

评 该作品整体图面有很强的表现力，尺规与徒手作图相结合的表现手法使图面显得张弛有度，空间透视感强烈。前后虚实、色彩冷暖、空间细节等关系处理得较好。

钢铁工业展览中心概念设计
王齐
天津科技大学艺术设计学院景观工作室

评 设计者对该方案透视图中的主次关系处理得很到位，方案创意主题突出，笔触大胆、肯定，色彩对比强烈，很好地体现出了设计者在设计取材与手绘技法上的功底。

编织手工艺视角下——乡村木结构度假酒店空间设计
徐杰
南京艺术学院

评 该方案通过整套图纸很好地反映出了设计者较强的表现技能与功底。作品表达手法多样，可以看出设计者对有一定难度的弧线和曲线的应用较为熟练，对材料及其特点有生动且丰富的图面诠释，线稿的表现力轻松随意又不失设计表达意图，色彩丰富却不失对整体的把控。

三等奖

马克笔室内表达之——家
丰琳
重庆小鲨鱼手绘工作室　四川美术学院

评 该设计可以说是在表现形式上进行了突破与创新，平面设计表达细腻而又整体，清晰地表达了设计意象。空间采取局部与重点相结合的表现手法，不费笔触且很好的把空间陈列及选型细腻而舒服地表现到位，对空间认识、陈列选型、材质的表达体现了设计者较高的审美素养。版式布局轻松有趣，图面张弛有度，可以看出该设计者对技法和形式的把控力较强。

三等奖

ENSHRINE · HOUSE——室内设计

王奇

安阳工学院

评 该作品构图完整，空间清晰，逻辑明确，条理清楚。如果画面少出现用尺规作图的直线，并且颜色更通透一些的话，画面给人的整体感觉会更好。

空中实验室软件设计公司设计
栾孟元
山东建筑大学

评 该作品主题明确，配色简洁合理，看得出设计者绘
制作品时的冷静态度。美中不足的是画面稍显拘谨，如果
设计者用笔再大胆一些，并且在空间中更重视对人物的刻
画，或许图面效果会更好。

生态之钻——盘锦华发新区小区建设
杨思仪
鲁迅美术学院

评 该作品是一套以方案为载体的手绘表达，设计者作画态度严谨认真，鸟瞰图井然有序，色调和谐，空间明晰，值得肯定。不过作为透视图而言，线条稍显呆板，有太多尺规起稿的痕迹，设计者可以尝试让画面中的线条显得更轻松一些，这样总体效果会更好。

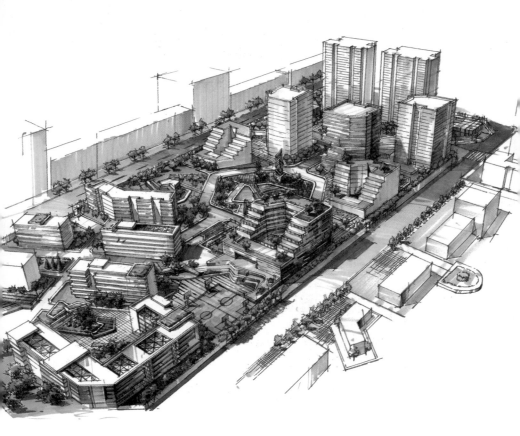

红旗公社购物空间设计
王婷
安阳工学院

雅韵——明清居品牌专卖店室内设计
申依凡
安阳工学院

主题酒吧室内设计
李亚男　李冰
安阳工学院

葆蝶家专卖店室内设计
郭梦欣
安阳工学院

▼ 情动——卡地亚珠宝专卖店室内设计
任梦鑫　吴雅楠
安阳工学院

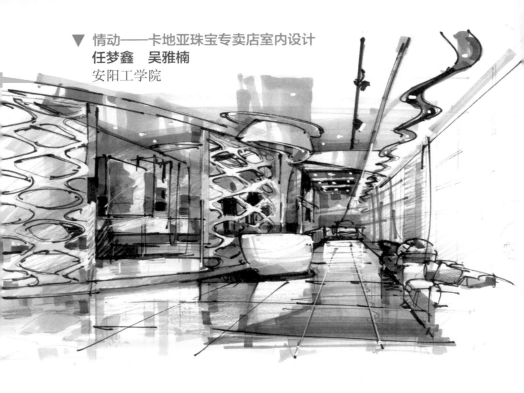

住宅空间设计
田苛苛
安阳工学院艺术设计学院

50

► 100M² 家居空间快题设计

庞璐璐

安阳师范学院

北方工业大学

任钰

无题 ◄

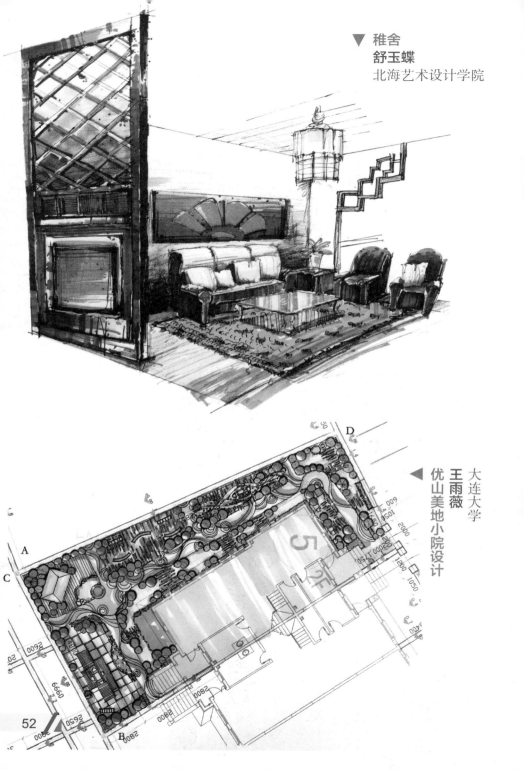

▼ 稚舍
舒玉蝶
北海艺术设计学院

◀ 优山美地小院设计
王雨薇
大连大学

▲ 雅韵——家居设计
韩诗宇
大连交通大学

▼ 阳煦山立——简约风格室内设计方案
张阿琦　韩诗宇
大连交通大学

▼ 松石初旭
周梅子
东北大学艺术学院

▼ 滨水区商住混合城市设计
薛杨
东北林业大学

▼ 笔尖·拾年
林晓华
福建师范大学美术学院

▼ 酒店设计
张洪榕
广西财经学院

室内设计
王易兰
广西财经学院

广州大学
朱村辉 李宁
印象苏州

56

人在『轨』途

姚康康　刘婵君　王芳芳

郑州轻工业学院易斯顿国际美术学院

▼ 快题设计
李倩妮
湖南师范大学

▼ 郡西别墅庭院设计
孙湘艺
湖州师范学院

◀ 静心苑
郑明勇
华南农业大学

▼ 手绘表达
余沛
华中科技大学

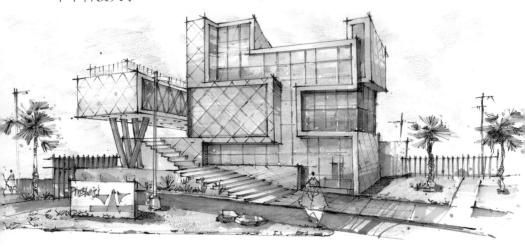

▼ e-BAR 体验店
肖楚薇
华中科技大学

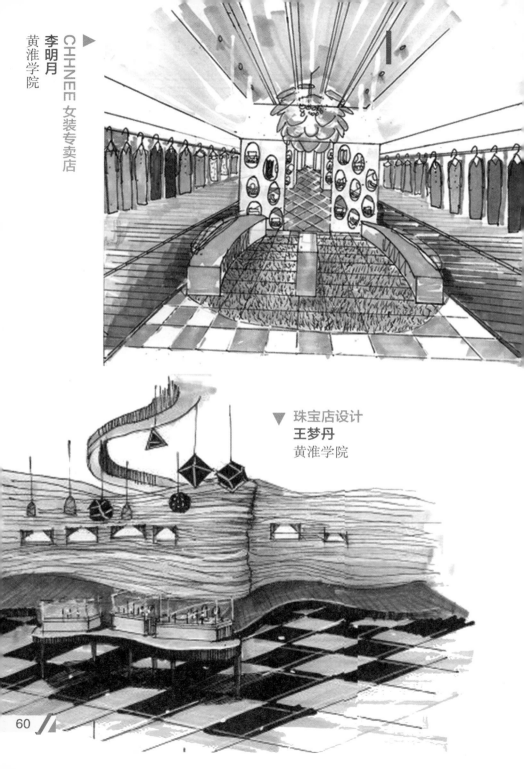

▼ 珠宝店设计
王梦丹
黄淮学院

▲ 古韵
孙德康
黄淮学院

▼ "智慧海洋——海之家"集装箱住宅设计
车焕怡
惠州学院

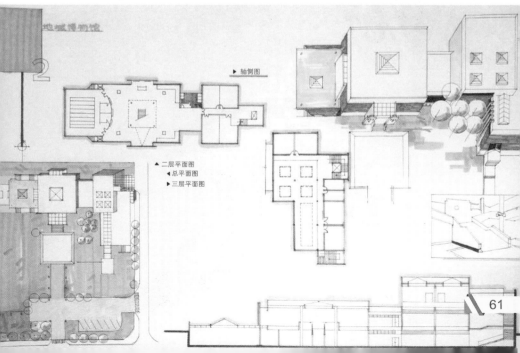

▶ 轴侧图

▲二层平面图
◀总平面图
▶三层平面图

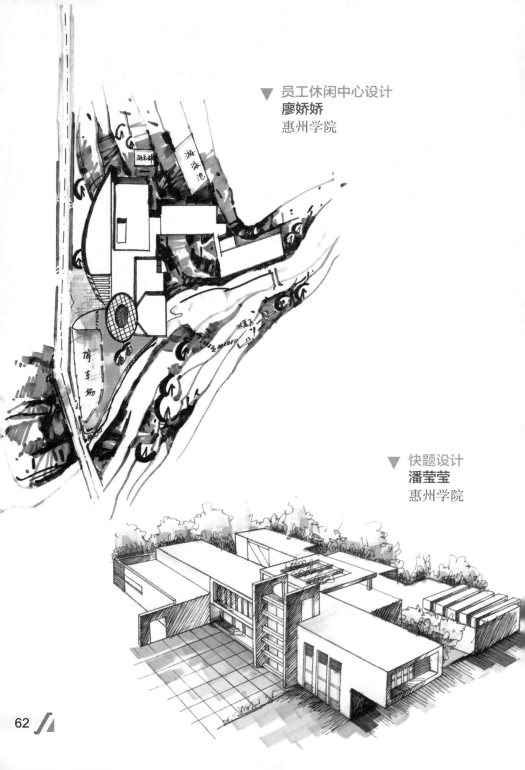

▼ 员工休闲中心设计
廖娇娇
惠州学院

▼ 快题设计
潘莹莹
惠州学院

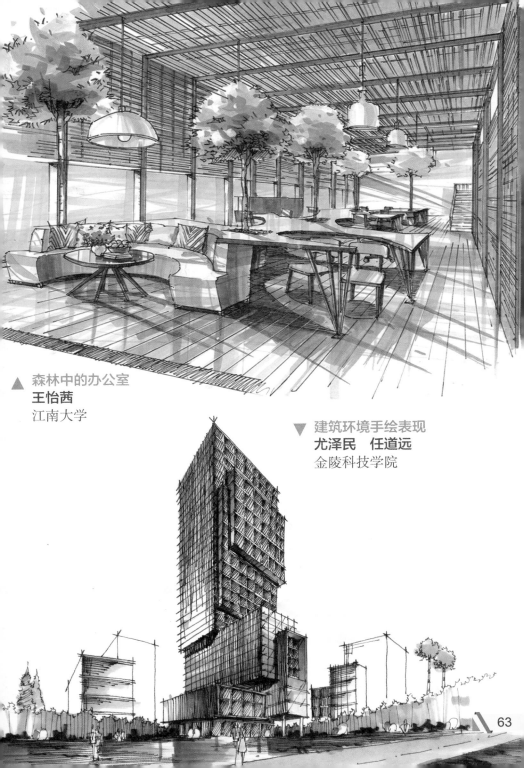

▲ 森林中的办公室
王怡茜
江南大学

▼ 建筑环境手绘表现
尤泽民　任道远
金陵科技学院

63

▼ 设计表现
李星儿　唐茂增
金陵科技学院

▼ 售楼处设计
李栋
晋中学院美术系

青年图书馆设计
汪静敏
景德镇陶瓷大学

民族印
易凯
昆明理工大学

总平面图
Total plan

N

▲ 奥斯汀公寓
潘炳霖　杨晓丹　金尧
辽宁传媒学院

► 手绘工厂
于明倩
辽宁传媒学院

滇南之行
王玥
辽宁对外经贸学院

废墟
刘昊澎
辽宁传媒学院环境设计系

▼ 数码商业街景观设计
祖浩然　郝兴华　刘博荣
辽宁工业大学

▼ 动漫公司建筑与景观设计
李雪　池田田
辽宁工业大学

▼ 工业风居室空间设计
孙金锐　孙金锐
鲁迅美术学院

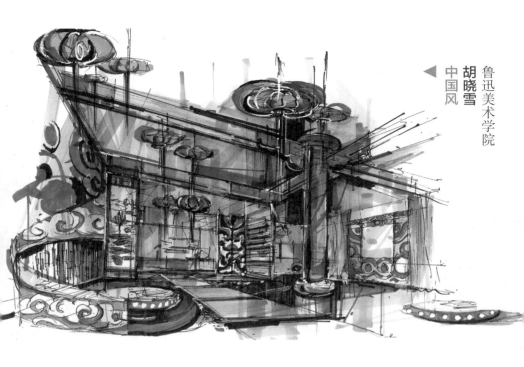

鲁迅美术学院
胡晓雪
中国风

▼ 中国蓝－科技展馆
尚霖
鲁迅美术学院大连校区

地域性文化介入——唐人街景观广场设计

戚婉

鲁迅美术学院环境艺术设计系

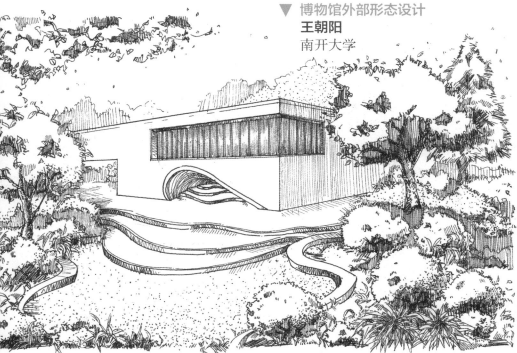

▼ 博物馆外部形态设计

王朝阳

南开大学

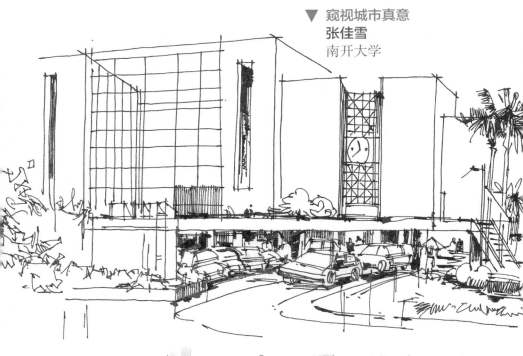

▼ 窥视城市真意
张佳雪
南开大学

城市的记忆 ▶
胡雅乔 张宇 高明慧
南开大学滨海学院

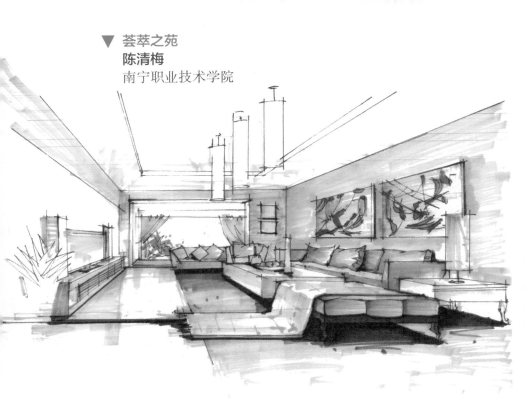

▼ 荟萃之苑
陈清梅
南宁职业技术学院

莱茵花城
彭柠
南宁职业技术学院

▼ 唤醒·空间环境设计
夏源薇　王文然　郭书琪
山东建筑大学

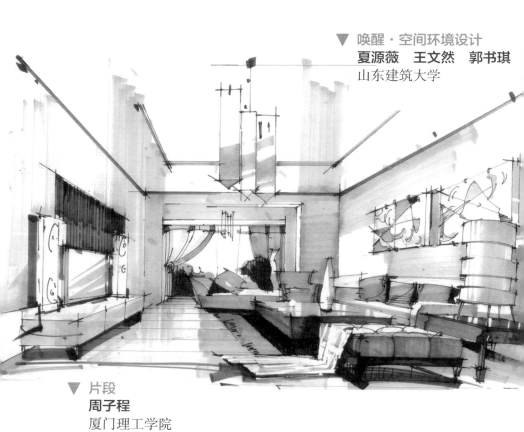

▼ 片段
周子程
厦门理工学院

兵工厂遗址改造园区设计
范馨卉
山东建筑大学

山东建筑大学
王晓涵
手绘艺术设计

▲ 集装箱项目
许文涛　刘光超
山东建筑大学

▼ 餐厅室内外环境设计
陈忆申
山东建筑大学艺术学院

现代风格室内设计
邓亚鹏 王瑞
山西大学美术学院

▼ 别墅庭院景观设计
任毅
山西大学美术学院

山西农业大学信息学院
银佳慧 徐倩 郭颖
图书馆概念设计方案表现

▼ 川美休闲场所快题设计
叶贤伟
四川美术学院

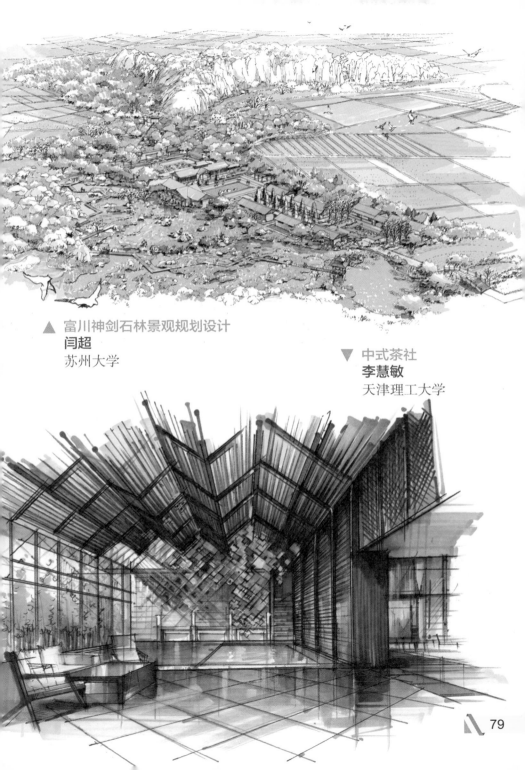

▲ 富川神剑石林景观规划设计
闫超
苏州大学

▼ 中式茶社
李慧敏
天津理工大学

▼ 欧洲旅行笔记
张辰
天津理工大学

▼ 景观室内手绘表现
祝新呈　司金静　王焰淋
天津理工大学

室内设计
贺刘迪
天津师范大学津沽学院

▼ 室内设计
周萍
天津师范大学津沽学院

室内设计
李娇娇
天津师范大学津沽学院

▼ 公园一隅
郭泽润
天津师范大学津沽学院

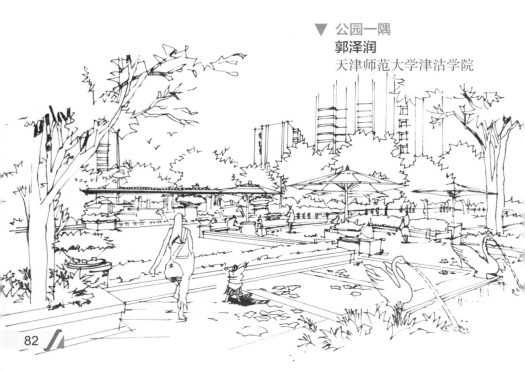

▲ 售楼处设计
齐水鑫
天津中德应用技术大学

▼ 一次互为业主的室内设计
彭琬　李秋鋆
武汉科技大学

▼ 唐城墙遗址公园景观规划设计——大唐盛世
崔濛予　杨高婕　李迪楠
西安建筑科技大学华清学院

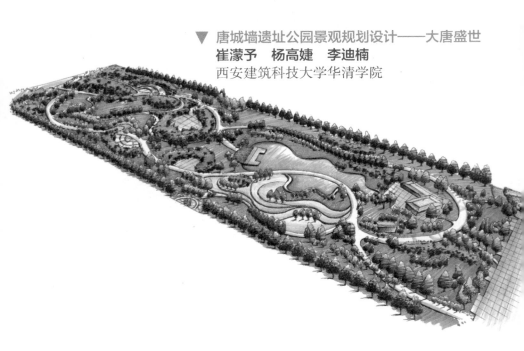

▼ 无题
王程胜　魏渊
西北农林科技大学

▶ 记忆碎片
高佳豪
西北农林科技大学

▼ 呢喃·耳语
张浩然　刘朝辉　庄科举
长春理工大学

▼ 揽清茶铺
王双文　周书棋　刘子恒
长春理工大学

▲ 似锦流年
韩锐　叶乔娜　李绪健
长春理工大学

▲ 田然宜居 TEA HOUSE
庄科举　王曼曼　孙凯繁
长春理工大学

▼ 雅居——别墅设计
魏建　于雅静　陈雪珠
长春理工大学

▲ 大隐于市竹子民宿
宋宗阳　吴旭洋　陈雪珠
长春理工大学

▼ 闲来雅叙——茶吧设计
宗鹏
长江大学文理学院

▲ 网易游戏展厅设计
涂淑雯
郑州轻工业学院易斯顿（国际）美术学院

▼ 任·方圆办公空间室内设计
苏紫莹　邝俊亮
郑州轻工业学院易斯顿（国际）美术学院

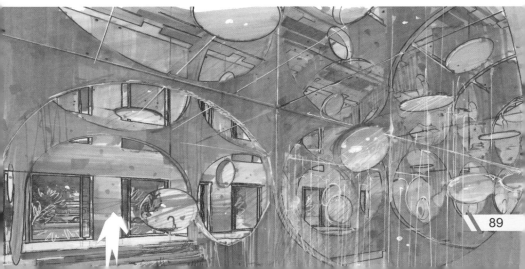

▲ "蜂巢"地带小区景观改造设计
李洲　黄卫杰
郑州轻工业易斯顿（国际）美术学院

▼ 我的世界游戏展厅设计
刘丹琼　王欢欢
郑州轻工业易斯顿（国际）美术学院

▲ 璞宿大理民宿空间设计
童翔飞　吴灿铭
郑州轻工业易斯顿美术学院

▶ 红枫岭景观规划设计
李钰言　王琬
中国地质大学（武汉）

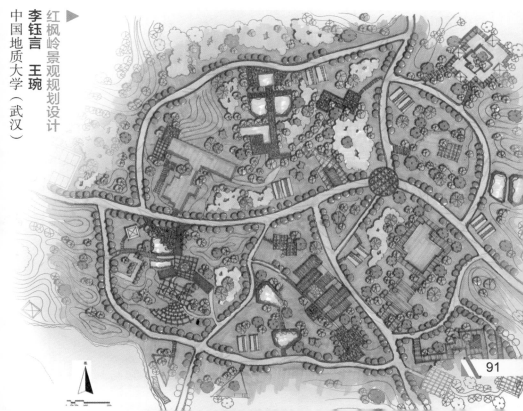

▲ 协·调酒店大厅手绘表现
陆鑫婷　葛海韬
中国矿业大学

▼ 家居空间室内设计
卢顺心　潘玉艳
中国矿业大学

▼ 木·疏，我的工作室
王艺涵
重庆交通大学

重庆小鲨鱼手绘工作室　四川美术学院

赵砚博

光缘下·森林上

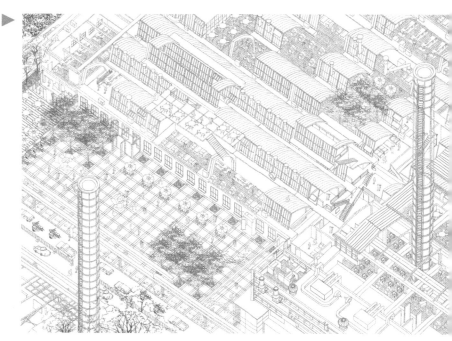

周口纱厂的更新计划

王晨钰　阮耀慧　陈慧娇

周口师范学院

▲ one piece 主题餐厅
赵颖然　陈伟伦
安庆师范大学龙山校区

建筑·室内·景观

写生

学生组

唐人街·趣
刘铭
鲁迅美术学院大连校区

评 该设计者对画面进行了蒙太奇式的组合处理，无论从空间上还是氛围上都表达得相对到位。特别是对左边的龙、街道中央的行人以及右边并排而行的两辆白色轿车的刻画，突破了基础教学中固有的技法模式，但却显得相对自然。夸张的大红色明艳而不俗，似乎能从画面中感受到唐人街浓浓的乡风。美中不足的是第三幅作品（挂满彩灯的那幅），笔触和造型稍显凌乱。总体而言，作为学生能有这样的胆量进行创新创作，值得肯定。

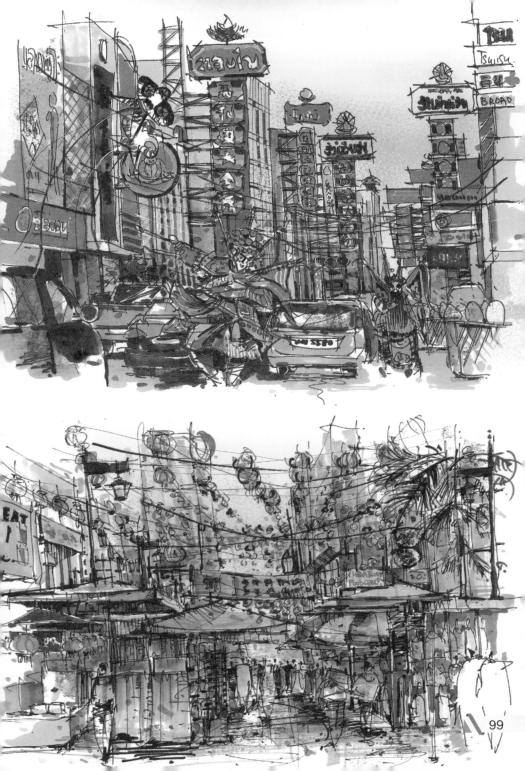

99

一等奖

菊径

肖婕琼
武汉理工大学

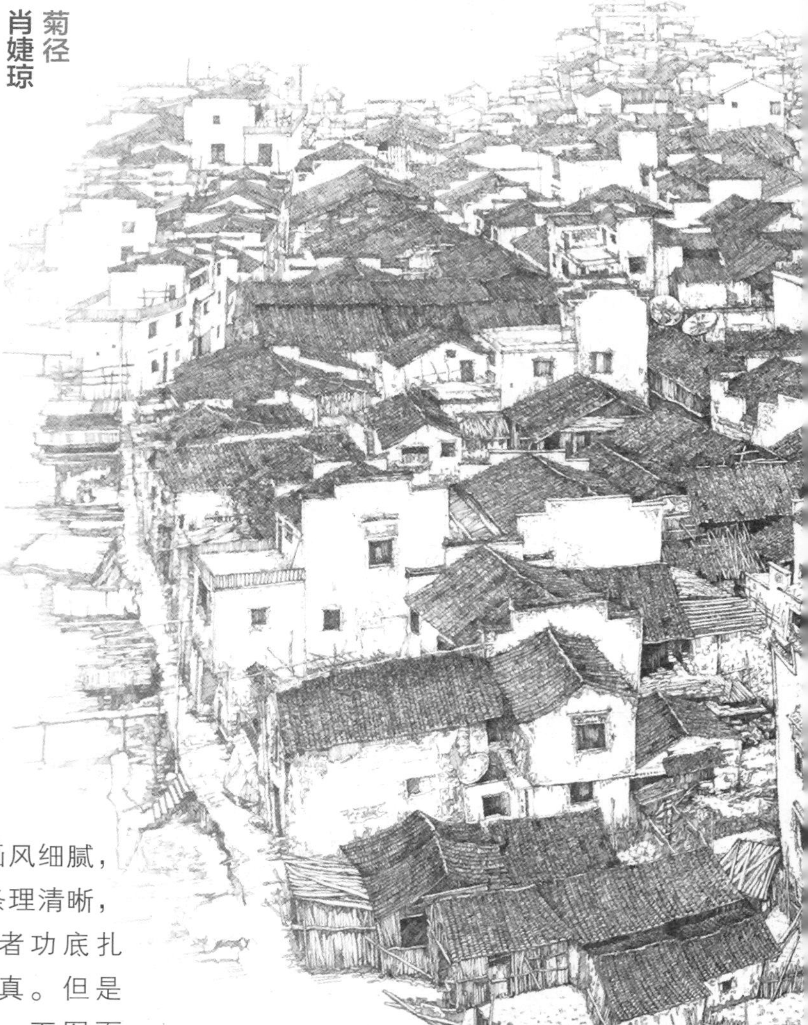

评 该作品画风细腻，线条严谨、条理清晰，可看出绘画者功底扎实、刻画认真。但是如果再升华一下图面的艺术感，效果也许会更好。总体而言是一组优秀的写生作品。

二等奖

法国小镇
宋宜靓
重庆交通大学

评 该绘画者使用了马克笔却没有刻意追求笔触特征，无论以哪种工具，无论结果如何，能做到器为己用，心无旁骛，平平淡淡地表达出眼中世界，就是最合适的表达。图面中的色彩和线条稍带卡通倾向，明快而轻松。美中不足的是色彩冷暖的选择上，绘画者还需要进行更大胆的尝试，比如互补色、邻近色的组合。并且作为古老的欧洲小镇，绘图者对于人物和配景的刻画还不够细腻，需要再推敲一下，让场景氛围看起来更惬意和真实。画面总体还是不错的。

梦·校园记忆
王利亚
哈尔滨工业大学

评 该作品色调和谐，空间清晰，线条有一定的张力，把黄昏的校园表达得平静而亲切。校园一直是不太好表现的主题，因为除了空间，校园更多的是承载着学子们对母校的眷恋。光阴如梭、白驹过隙，点点滴滴涌上心头，淡淡的笔墨，只为找寻过去的记忆。该作品美中不足的地方体现在对建筑细节的刻画上，线条抖动得稍显夸张，缺少一点力量的平衡感和愉悦感，但总体效果还是不错的。

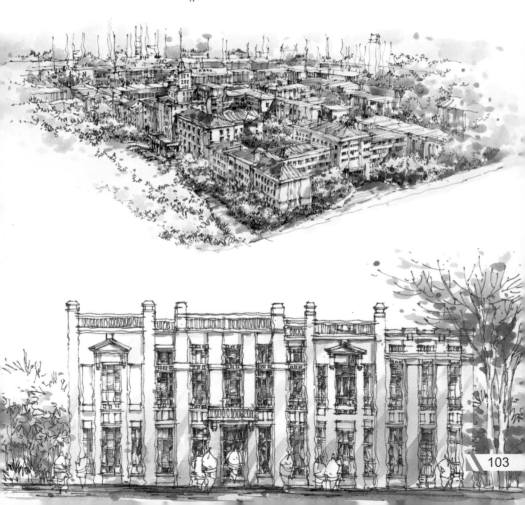

二等奖

消逝中的旧城
岑奋勇
南宁职业技术学院

评 该作品运用细腻的线条、冷暖色的对比表现出了旧城的古朴韵味。细节刻画深入，画面表现完整，是一幅优秀的写生画作。

二等奖

风景建筑写生
吴桂霞
广西师范学院师园学院

评 这是一幅用熟练且富有味道的勾线表达出的复杂且富有层次的
建筑写生。

三等奖
美在云南，美哉大理
章昊天
昆明理工大学

评 该作品运用了马克笔与水彩的巧妙结合，还原了大理的壮观与秀美。

旅行笔记
张辰
天津理工大学

评 该作品的透视准确，技法娴熟，马克笔笔触灵活，画面氛围营造到位，总体上呈现出较高的表现能力。

城市记忆
王辰
哈尔滨市第三中学

评　每座城市都有自己的历史，每座历史建筑都有它自己存在的意义。时过境迁，来来往往的人群带走了这些老建筑的回忆。从哈尔滨走过，年逾百岁的老建筑们依然巍峨屹立，它们是历史的见证者，它们是这座城市的人们不可磨灭的印记。

上里印象
孟彦岑　王同宁
南开大学滨海学院

评 该绘图者选用钢笔与针管笔相结合的方式来进行图面创作，使古朴小镇内高低错落的传统建筑与茂密的植被在画面中相映成趣。画面充满魅力，令人遐想无边，整体上展现出了古镇传统文化的深厚底蕴。

土木记忆
郑一鸣
哈尔滨工业大学

评 该作品以单色钢笔线条为基本构图元素，勾勒出哈尔滨工业大学建筑学院主楼——土木楼的形态。绘图者通过暖棕色调与侧仰视角展现出了土木楼的宏伟气势，以及这所百年名校的深厚底蕴。

三等奖

韶华·西逝
郑楛文
哈尔滨理工大学

评 该作品为一幅北京城的小景，主体建筑是一组破旧的中式小楼，小楼前堆满了三轮货车，层层叠叠的结构与斑驳的墙面协调统一，而远处便是高楼林立，这种实与虚、新与旧的鲜明对比，展现出韶华易逝，令人叹惋。

优秀奖

▼ 拆迁
张晓涵　孙琦
安徽工程大学

▼ 校园，那些年的青春
夏远程
淮北师范大学美术学院

无题
张哲浩
北京林业大学

大连艺术学院
吴梦菲　赖雅男
NIGHT LIGHT

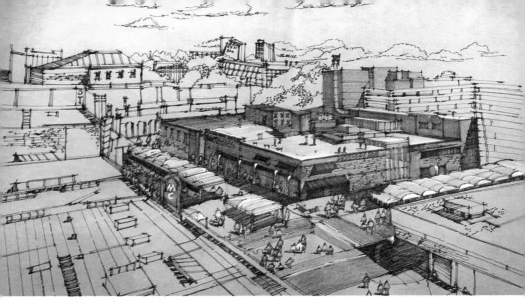

▲ 线的轨迹
巩彦君
大连艺术学院

▼ 无题
刁文瑞
大连艺术学院

信仰记忆
陈沿州
大连交通大学

大连艺术学院
赖雅男 郭兴赫
山城薨·榭

无题
朱明正
福建农林大学

▼ 霓虹都市
王婧茹
福建工程学院

▲ 工业污染
陈玉都
福建工程学院

▼ 泰国集市之旅
蓝邦锴
福建工程学院

117

▲ 从前慢
周丹妮
福建工程学院

◀ 华侨大学建筑学院
涂小锵
速写厦门

▲ 故宫沉思
林晓华
福建师范大学

◀ 忆·汕头
陈友锟
广东亚视演艺职业学院

广东培正学院

邹宏超

老街

▼ LOFT
徐宇轩
惠州学院美术与设计学院

▲ 渼陂古巷
张静
惠州学院美术系

▼ 三江林略侗寨
雷涓　肖金兰
南宁职业技术学院

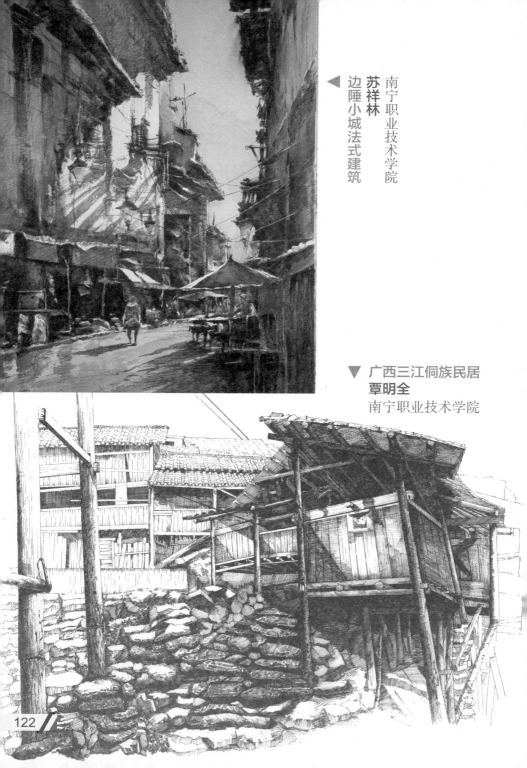

南宁职业技术学院
苏祥林
边陲小城法式建筑 ◀

▼ 广西三江侗族民居
覃明全
南宁职业技术学院

122

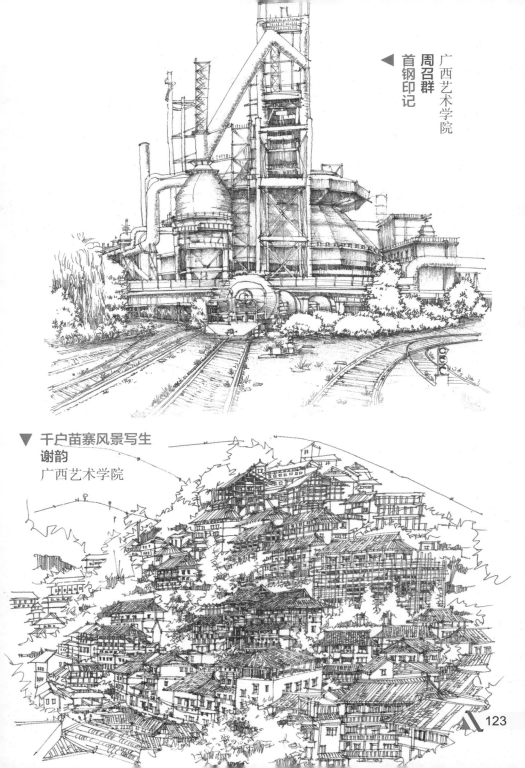

▼ 千户苗寨风景写生
谢韵
广西艺术学院

▲ 城市的记忆
曾文仲　梁文惠
广西艺术学院

▼ 山西印象
刘罡
广西艺术学院

▶ 千户苗寨
张瑶
广西艺术学院

▼ 景观快题设计
吴诗卉
广西艺术学院

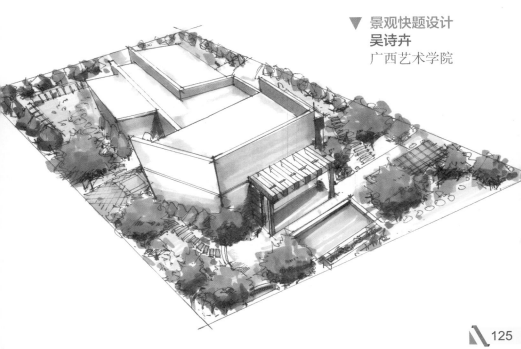

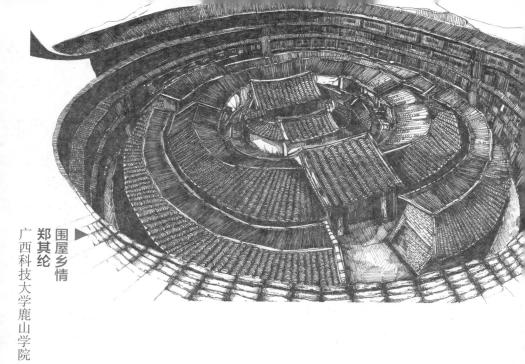

围屋乡情
郑其纶
广西科技大学鹿山学院

▼ 龙城风光·城镇街景
谢嘉玲
广西科技大学鹿山学院

中华巴洛克的记忆
覃大伟　任西宝
哈尔滨理工大学

▼ 桃园结义
傅珏杰
哈尔滨理工大学

127

▲ 钢笔下的老上海
李达道
海南大学

▼ 西南村寨印象
任祺卉
华北理工大学

128

太行写生
田苛苛
安阳工学院

古城掠影
范晓琪
郑州大学西亚斯国际学院

郑州大学西亚斯国际学院
王佳
科隆大教堂

▼ 老道外写生
邴嘉勋
黑龙江东方学院

城市建筑群（建筑局部）▶

蒋飞

哈尔滨理工大学

村寨之境▼

谢莹粲

哈尔滨工业大学

▲ 哈尔滨老道外建筑写生系列
张琦
哈尔滨理工大学

▼ 梦里徽州
于智宇　朱昱璇
哈尔滨工业大学

陪你度过漫长岁月——文艺复兴建筑写生

王芊荀　朱昱璇　于智宇

哈尔滨工业大学

哈尔滨工业大学

苏靖媛

街与巷

133

▲ 意大利建筑写生
朱昱璇　周子钦
哈尔滨工业大学

▼ 老色达
王昕睿
哈尔滨工业大学

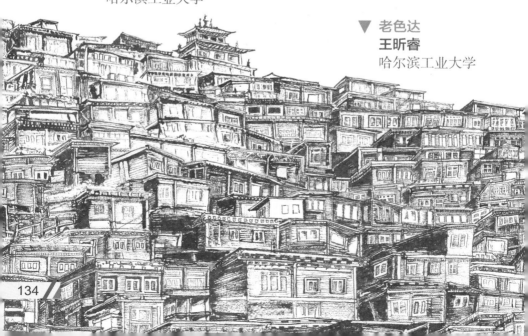

错落记忆
李同
哈尔滨理工大学建筑工程学院

城心乡印
温一田
哈尔滨理工大学建筑工程学院

▲ 疑是林花扰古城
张欣
哈尔滨理工大学建筑工程学院

▼ 轩尼诗4号
庞然
哈尔滨理工大学建筑工程学院

▲ 活色生香
许慧慧
黑龙江科技大学

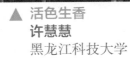

◀ 黑龙江科技大学
武珂
圣途

▲ 无题
李元隆
黑龙江科技大学

▲ 土木楼的记忆——一座百年建筑的故事
薛嘉齐　郑一鸣　王馨笛
哈尔滨工业大学

▼ 手绘写生
余沛
华中科技大学

▼ 天地方圆——绘游在闽南传统民居土楼里
陈艺旋
华中科技大学设计学系

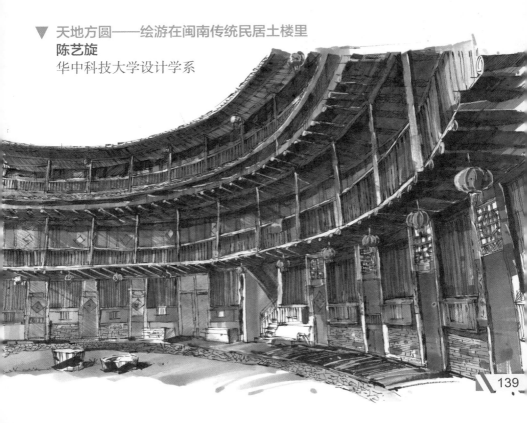

▲ 遇见·台湾
王晓晗　李馥杨
华中科技大学

▲ 武汉印记——百年老字号
李文喆　黄子君
中国地质大学（武汉）

▲ 夜"画"香港——霓虹下的不夜城
涂丁
华中科技大学

无题
侯聿炎
湖北大学艺术学院 ►

141

▲ 园林漫步
谭志刚
湖南农业大学

▼ 西南建筑
苑玥
湖南农业大学

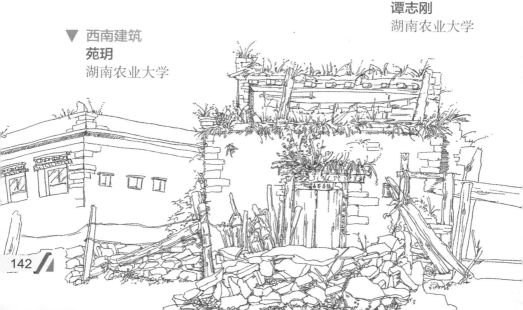

▼ 修业一角——五头牛雕像
唐文杰
湖南农业大学

▼ 侗乡的初夏
杨先章
长沙师范学院

▲ 德国汉诺威市政厅
史亚芬
长春理工大学

▼ 城市记忆
郑凤倩
长春建筑学院

▲ 厦门记忆
吕淑聪
山东建筑大学

▼ 母校秋色
赵蓉雪
山东建筑大学

145

老房子
郭晨晨
南京林业大学

南京林业大学
焦树楠 高子宇 陈延景
静·谧

▲ 浮光掠影欧罗巴
李恬雯　郑洁铭
南京林业大学

▲ 乡音·常州
徐诺
常熟理工学院

常州工学院
闫雨沁
石语系列作品 ◀

▼ 水乡风光
李宁
常熟理工学院

▼ 民居·印象
张峻恺　杨云帆　于凡
江苏建筑职业技术学院

▼ 科隆教堂的色彩
卞翠雪
中国矿业大学南湖校区

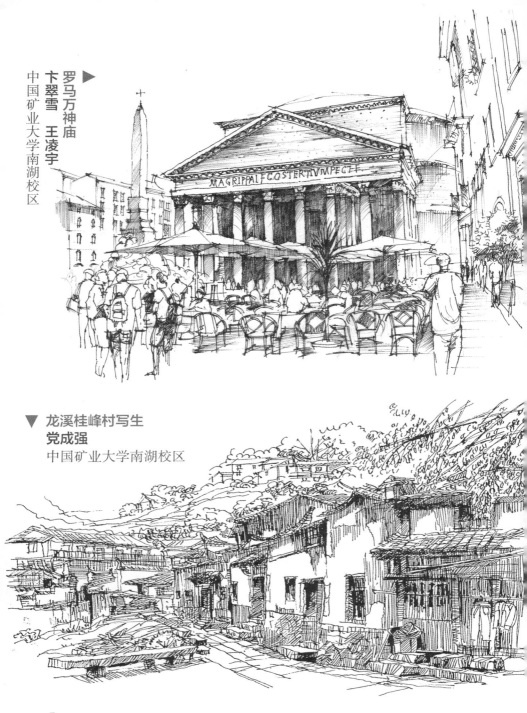

罗马万神庙
卞翠雪　王凌宇
中国矿业大学南湖校区

▼ 龙溪桂峰村写生
党成强
中国矿业大学南湖校区

150

▲ 望鱼古镇写生
陈廷然
江西环境工程职业学院

▲ 湘鄂少数民族建筑
王严
辽宁对外经贸学院

▼ 旅顺印象系列
关禄瀚
大连大学

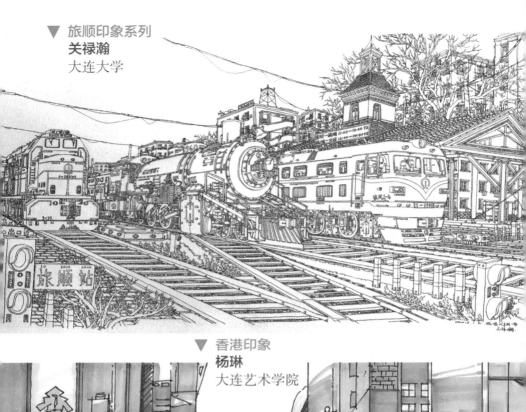

▼ 香港印象
杨琳
大连艺术学院

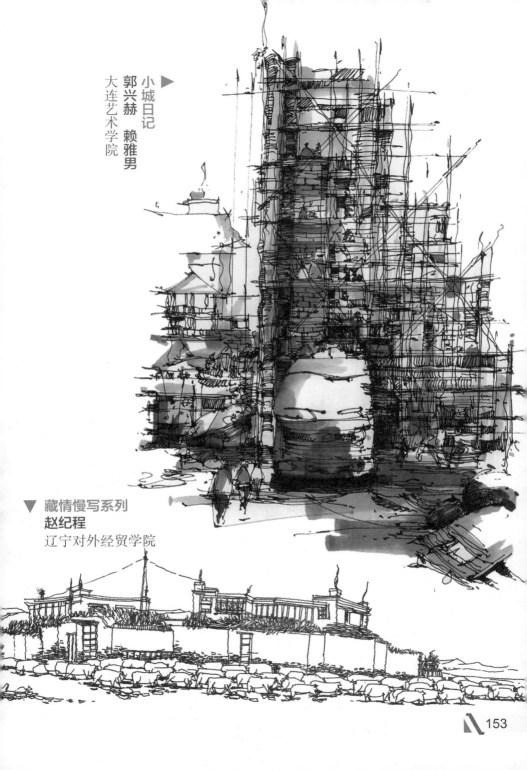

小城日记
郭兴赫　赖雅男
大连艺术学院

藏情慢写系列
赵纪程
辽宁对外经贸学院

▼ 大连旅顺小景随笔
张晓慧
辽宁对外经贸学院

▼ 岁月的痕迹
冯永旭
辽宁传媒学院

水彩建筑表现
郎天怡　李姗姗　崔巧娜
长春工业大学

辽宁传媒学院
周旭伟
迷楼

▲ 中国工业博物馆
贺洪旺
辽宁传媒学院

◀ 幻『影』
孙宇
辽宁传媒学院

156

▲ 石油工业区
马书曼
辽宁传媒学院

◀ 工业时代 **王国富** 辽宁传媒学院

▲ 建筑环境风景写生
杜晓芳　齐家宏　沈媛
金陵科技学院

▼ 建筑光影
王钟灵
南京林业大学艺术设计学院

▲ 遇见生活
刘佳瑶　刘婉佳
南开大学滨海学院

▼ 古镇建筑
张璨瑜
广西艺术学院

▲ 手绘校园系列——静谧的校园
卜亚杰
山东建筑大学

▼ 青岛建筑风景写生
吕嵘阳
青岛大学美术学院

▼ 历史传承——文化的沉淀
张志超
山东农业大学水利土木工程学院

▼ 枕水人家
裴小雪
大学城福建工程学院（北区）

▲ 太行山写生
郭颖　徐倩　银佳慧
山西农业大学信息学院

▼ 流水别墅
朱岩
山西大学

▼ 小镇写生
王娟
山西大学

▼ 度假小景
张康宜
山西大学

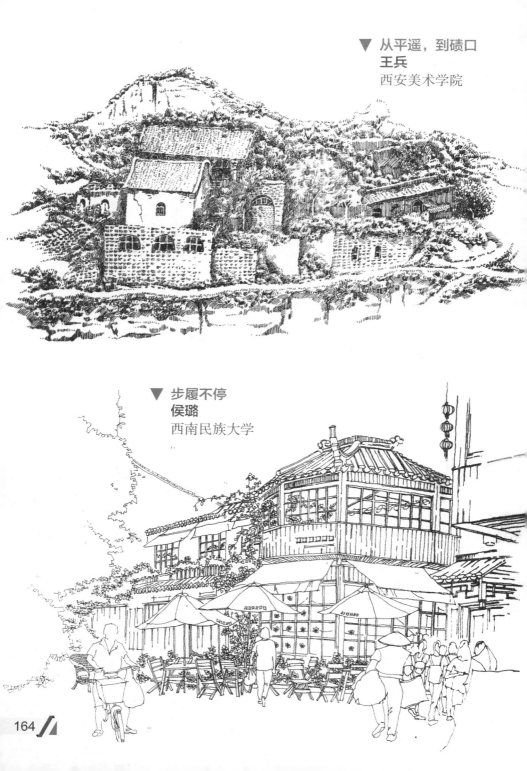

▼ 从平遥，到碛口
王兵
西安美术学院

▼ 步履不停
侯璐
西南民族大学

线性建筑手绘
王紫薇　牛浩成　郭萌
天津大学仁爱学院

南开大学滨海学院
崔乃仁　韩旭东　禹钊
外出采风

165

西蜀古镇 · 水墨上里
辛欢
南开大学滨海学院

遇见江南
马喆
南开大学滨海学院

南开大学滨海学院
苏奕璐 张苡德 高雨鑫
远方的田野

吴哥窑
齐水鑫
天津中德应用技术大学

167

▲ 世界经典建筑之手绘精选
王齐
天津科技大学艺术设计学院景观工作室

▼ 回望乡间记忆
张佳雪
南开大学

南方小镇
夏泽慧
南开大学 ▶

▼ 四川考察小记
苏璇
南开大学文学院艺术设计系环境设计专业

▼ 无题
王嘉琦
起点手绘

▼ 无题
王俊莉
昆明理工大学艺术与传媒学院

云南古镇之建筑写生
杨峥峥
昆明理工大学呈贡校区

▼ 版纳速写
许燕青
玉溪师范学院

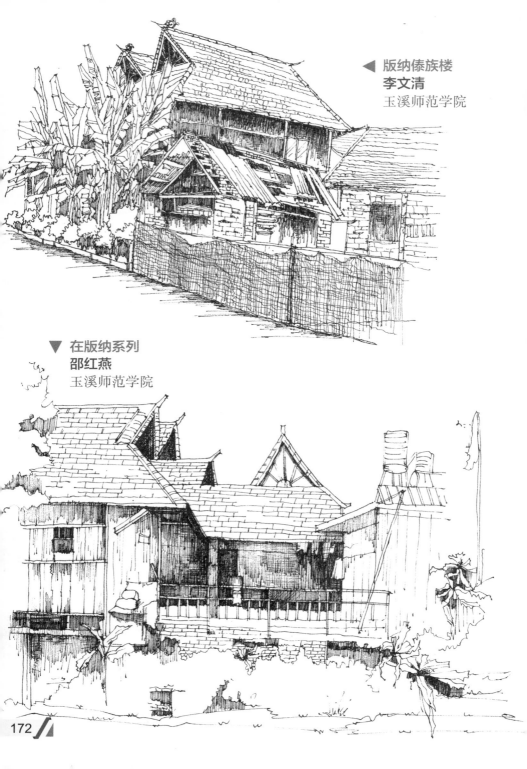

◀ 版纳傣族楼
李文清
玉溪师范学院

▼ 在版纳系列
邵红燕
玉溪师范学院

▼ 简约——灵动的巢居
肖宇豪　王欣　颜佳韵
长春理工大学

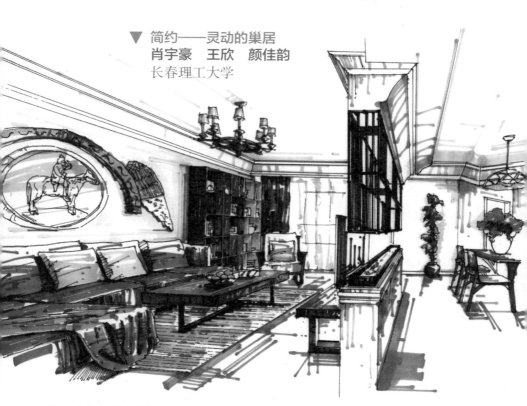

▼ 室内家装设计
言荣鉴　余希　王洪武
长春理工大学

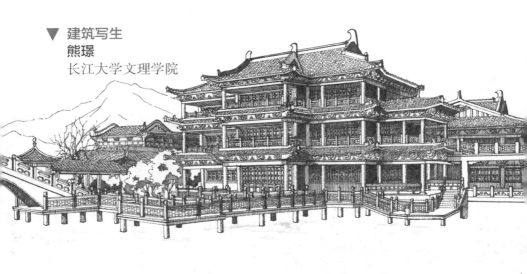

▼ 建筑写生
熊璟
长江大学文理学院

► 午后
汪衿羽
浙江理工大学科技与艺术学院

▼ 山村三月
谭婷婷
湖州师范学院

▼ 荏苒
蔡璐璐　陈萱　车颖岚
浙江理工大学科技与艺术学院

175

土楼
何瑶卿
湖州师范学院

▼ 圣母玛利亚大教堂
杨天烨
湖州师范学院

▲ 阳光铺满
王小叶子
湖州师范学院

▼ 建筑写生
傅杰
浙江财经大学东方学院

▲ 巴黎掠影
徐令恩　夏依慧
浙江理工大学科技与艺术学院

◀ 镶嵌时光
陈萱　蔡璐璐　车颖岚
浙江理工大学科技与艺术学院

▲ 锦蜀之行
李彦宗
郑州大学西亚斯国际学院建筑学院

◀ MEMORY
王娅菲
重庆小鲨鱼手绘工作室　四川美术学院

▲ 海天之旅
黄珂爽
重庆交通大学

小·本 ▶
余佳露
重庆交通大学

简·居
刘启文
重庆小鲨鱼手绘工作室　四川美术学院

▶

重庆小鲨鱼手绘工作室　四川美术学院
黄盼
往日时光

◀

▲ **The dreams**
石桔源
重庆小鲨鱼手绘工作室　四川美术学院

画说中国古典园林 ▶
李宁伟
四川美术学院

▼ 柏林圣母大教堂
孙蒙蒙
重庆科技学院

▼ 肇兴侗寨
何燕琴
重庆科技学院

▲ 塔逊寺庙
黄莘媚
重庆科技学院

◀ 古村写生 林梦佳 重庆大学

184